Prem Jose Vazhacharickal
Ansu Aleyamma Mathew

Actividades antimicrobianas de variedades de pimenta (Piper nigrum)

Prem Jose Vazhacharickal
Ansu Aleyamma Mathew

Actividades antimicrobianas de variedades de pimenta (Piper nigrum)

Contra Escherichia coli e Bacillus subtilis; uma visão geral

ScienciaScripts

Imprint

Any brand names and product names mentioned in this book are subject to trademark, brand or patent protection and are trademarks or registered trademarks of their respective holders. The use of brand names, product names, common names, trade names, product descriptions etc. even without a particular marking in this work is in no way to be construed to mean that such names may be regarded as unrestricted in respect of trademark and brand protection legislation and could thus be used by anyone.

Cover image: www.ingimage.com

This book is a translation from the original published under ISBN 978-3-659-87610-3.

Publisher:
Sciencia Scripts
is a trademark of
Dodo Books Indian Ocean Ltd. and OmniScriptum S.R.L publishing group

120 High Road, East Finchley, London, N2 9ED, United Kingdom
Str. Armeneasca 28/1, office 1, Chisinau MD-2012, Republic of Moldova, Europe
Printed at: see last page
ISBN: 978-620-7-80108-4

Actividades antimicrobianas de variedades de pimenta *(Piper nigrum}*: Contra *Escherichia coli* e *Bacillus subtilis;* uma visão geral

Prem Jose Vazhacharickal e Ansu Aleyamma Mathew

AGRADECIMENTOS

Em primeiro lugar, agradecemos a Deus **Todo-Poderoso, cuja** bênção esteve sempre connosco e nos ajudou a concluir com êxito este trabalho de projeto.

Gostaríamos de agradecer ao nosso querido Diretor, Rev. **P. Dr. George Njarakunnel,** ao Respeitado Reitor **Dr. Joseph V. J,** ao Vice-Reitor **P. Joseph Allencheril, ao** Ecónomo **Shaji Augustine** e à Direção por providenciarem todas as facilidades necessárias para a realização do estudo. Expressamos os nossos sinceros agradecimentos ao **Sr. Binoy A Mulanthra** (responsável pelo laboratório, Departamento de Biotecnologia) pelo seu apoio. Este trabalho de investigação não seria possível sem a cooperação de muitos agricultores.

Estamos gratamente gratos aos nossos professores, pais, irmãos e amigos que estiveram sempre presentes para nos ajudar neste projeto.

Prem Jose Vazhacharickal* e Ansu Aleyamma Mathew

Endereço para correspondência

Professor Assistente

Departamento de Biotecnologia

Colégio Mar Augusthinose

Ramapuram-686576

Kerala, Índia

premjosev@gmail.com

ÍNDICE DE CONTEÚDOS:

Lista de abreviaturas

%	: Percentage
°C	: Centigrade
E.coli	: *Escherichia coli*
F	: Fruit
h	: Hour
K	: Kotta
Ka	: Karimunda
km^2	: Square kilometre
L	: Leaf
mg/ml	: Milligram per millilitre
MHA	: Mueller hinton agar
mm	: Millimetre
N	: Narayakodi
NB	: Nutrient broth
NP	: Non popular
P	: Popular
PE	: Polyethylene
S	: Spike
SE	: Standard error
µl	: Micro litre

Actividades antimicrobianas de variedades de pimenta *(Piper nigrum}*: Contra *Escherichia coli* e *Bacillus subtilis-*, uma visão geral

Prem Jose Vazhacharickal[1] * e Ansu Aleyamma Mathew[1]

* premjosev@gmail.com

Departamento de Biotecnologia, Mar Augusthinose College, Ramapuram, Kerala, Índia-686576

Resumo

A pimenta preta *(Piper nigrum* L.) é uma especiaria famosa da família das piperáceas e vulgarmente conhecida como "Rei das Especiarias". A pimenta preta é também designada por "Pimenta Longa Indiana" e é utilizada principalmente na forma seca, sendo a forma seca do fruto da pimenta designada por grãos de pimenta. A pimenta preta é originária da floresta tropical sempre verde das montanhas dos Ghats Ocidentais, na Índia, e é normalmente utilizada em receitas de caril. Muitas cultivares de pimenta preta estão a ser cultivadas na Índia. Karimunda é a cultivar mais popular em Kerala. As outras cultivares importantes são Kottanadan, Narayakodi, Aimpiriyan, Neelamundi, Kotta, Kuthiravally, etc. A pimenta preta é utilizada principalmente no tratamento de doenças como diarreia, febre, asma, sinusite, indigestão crónica, perturbações cutâneas, cólera e os sistemas ayurvédico e Ilnani utilizam o caule e a raiz da pimenta como medicamentos importantes. A atividade antimicrobiana é testada principalmente para a descoberta de medicamentos, a previsão de resultados terapêuticos e a epidemiologia. Foram seleccionadas três variedades diferentes de pimento em Kerala para a deteção da atividade antibacteriana contra *E. coli* e *Bacillus subtilis*. Para este estudo, foram utilizadas principalmente três partes da pimenta. O ensaio antimicrobiano foi efectuado pelo método de difusão em poço de ágar e pelo método de difusão em disco de ágar. As variedades de pimenta mostraram atividade antibacteriana. As diferentes variedades de pimento apresentam uma atividade antibacteriana diferente. Narayakodi mostra uma atividade antibacteriana máxima contra *Bacillus subtilis* e Karimunda mostra uma atividade antibacteriana máxima contra *E.coli*.

Palavras-chave: Ensaio antimicrobiano; *Piper nigrum;* Método de difusão em disco; Ágar Muller hinton.

CAPÍTULO 1

1. Introdução

A pimenta-do-reino *(Piper nigrum)*, a planta com flor, pertence à família das piperáceas e é cultivada pelo seu fruto, que é geralmente seco e utilizado como especiaria e condimento. Os caracteres morfológicos como o hábito da planta, a pubescência, a textura e a forma da folha das formas juvenis e maduras, a orientação da espiga e o comprimento do pedúnculo, a natureza da bráctea e a cor do fruto são utilizados como chave para distinguir as diferentes espécies (Hooker, 1886; Kanjilal et al.,1940; Gamble, 1925). Piperaceae é considerada uma das famílias mais primitivas de Angiospermas (Engler, 1893; Rendle, 1925) derivada das proto-angiospermas herbáceas com flores simples e minúsculas (Heywood e Fleming, 1986; Taylor e Hickery, 1990; Taylor e Hickery, 1992).

A pimenta preta *(Piper nigrum* L.) é uma especiaria famosa da família Piperaceae e é um vinho florido e vulgarmente conhecido como "Rei das Especiarias" (Ahmad et al., 2012; Shamkuwar et aL, 2012; Karsha e Lakshmi, 2010; Rani et aL, 2013). Devido à presença de piperina, é utilizada como especiaria em muitos países do mundo e é cultivada principalmente pelos seus frutos (Akthar et al., 2014; Ganesh et al., 2014; Rani et al., 2013).

A pimenta preta é também designada por pimenta longa indiana e é utilizada principalmente na forma seca, sendo a forma seca do fruto da pimenta designada por grãos de pimenta (Rani et al., 2013; Ganesh et al., 2014). A pimenta preta é originária da floresta tropical sempre verde das Montanhas Ghats Ocidentais no Sul da Índia e é normalmente utilizada em receitas de caril (Thangaselvabal et al., 2008; Rani et al., 2013; Ahmad et al., 2012).

A pimenta melhora a digestão e baixa a febre devido à sua qualidade pungente e o fruto da pimenta também é utilizado para produzir pimenta verde e branca (Shamkuwar et al., 2012; Ahmad et al., 2012). A pimenta preta é o principal componente do sistema medicinal tradicional e do sistema ayurvédico e é também utilizada para o tratamento da tosse, melanodermia, estomacal, febre, congestão, diarreia, sinusite, paralisia, vertigem, obesidade e cólera (Karsha e Lakshmi, 2010; Shamkuwar et aL, 2012; Ganesh et aL, 2014; Rani et aL, 2013; Akthar et aL, 2014).

A pimenta preta requer humidade e precipitação elevada e é largamente cultivada em Kerala, com uma amplitude térmica favorável de 23-32°C (Zacharaiah et aL, 2015). Na Índia, a pimenta é cultivada principalmente em Karnataka, Kerala e Thamil Nadu

(Seshachala et aL, 2012). O pimento é maioritariamente dioico na forma selvagem, mas nos tipos cultivados as plantas são maioritariamente ginomonoicas ou trimonoicas (Thangaselvabal et aL, 2012). A maioria das plantas cultivadas é monóica, com variações na expressão que vão desde o macho completo até à fêmea completa (Zacharaiah et aL, 2015).

O principal centro de diversidade da pimenta-do-reino é a Índia e, em comparação com outros membros da família das piperáceas, o género piper tem a maior diversidade (Vimarsha et al., 2014).

Em comparação com outros países, a pimenta-do-reino indiana tem uma produtividade muito reduzida e são cultivadas variedades híbridas de elevado rendimento, como a Panniyur -1, principalmente na Índia (Soni et al., 2014). A desigualdade na pimenta foi observada no rendimento, comprimento da espiga, composição floral, arranjo floral, número e tamanho dos frutos (Vimarsha et aL, 2014).

Existem diferentes variedades de pimenta preta cultivadas na Índia e a cultivar mais popular de Kerala é a Karimunda. Narayakodi, Aimpiriyan, Neelamundi, Kuthiravally são outras cultivares importantes em Kerala e Billimalligesara, Karimalligesara, Doddigya são as cultivares importantes do Estado de Karnataka (Zacharaiah et aL, 2015). As primeiras plantas cultivadas são os membros da família das piperáceas (Majeed e Prakash, 2000).

O sétimo mês é o período de floração e amadurecimento da planta do pimento e as bagas estão maduras, podendo a colheita ser efectuada através da indicação da presença de bagas vermelhas (Dakek, 2000; Vijayakumar et aL, 2002).

Madagáscar, China, Tailândia, Sri Lanka, Brasil, Indonésia, Vietname e Malásia são os outros países que produzem pimenta e na Malásia, em meados de 1800, a pimenta foi plantada pela primeira vez em Sarwak e Sarwak é o mais importante produtor de pimenta (Dakek, 2000). Muitas estações de investigação produziram variedades melhoradas com maior produtividade e qualidade através de programas de hibridação (Soni et aL, 2014).

A pimenta preta melhora a digestão estimulando a papila gustativa de tal forma que é enviado um alerta para o estômago para aumentar a libertação de ácido (Andrew, 2015). A pimenta reflecte o fluxo de saliva com o aumento da secreção de suco gástrico e melhora o apetite devido ao elevado grau das propriedades carminativas e estimulantes da pimenta (Meghwal e Goswami, 2012). A pimenta preta contém uma grande quantidade de glicosídeos, alcalóides, taninos e fenólicos (Nahak e Sahu, 2011). A pimenta tem um componente pungente importante, chamado piperina, que é utilizado como adjuvante de medicamentos terapêuticos em doenças crónicas, para reduzir a dose eficaz do medicamento (Mohammed et aL, 2016).

Em Kerala, a pimenta preta constitui a principal fonte de emprego e rendimento para as famílias rurais e há muitas famílias envolvidas no cultivo da pimenta (Sajitha, 2014). Os óleos essenciais de fibras, a piperina, o eugenol, as enzimas lipases e os minerais são os constituintes da pimenta preta e o a-pineno, o limoneno e o β-cariofileno são os componentes do óleo essencial (Singletary, 2010). Antigamente, as pessoas colhiam pimenta da natureza e da floresta, essencialmente um produto florestal no passado (Ravindran, 2006).

1.1 Objectivos

São escassos os estudos antimicrobianos comparativos que utilizam as diferentes partes de plantas, variedades de pimenta preta e diferentes solventes. Com base nestes antecedentes, os principais objectivos deste estudo incluem a determinação das propriedades antibacterianas de diferentes variedades de pimenta preta (Narayakodi, Karimunda, Kotta) e das suas partes vegetais (fruto, espiga, folhas) utilizando diferentes extractos de solventes (metanol e éter de petróleo) contra *Escherichia coli (E. coli)* e *Bacillus subtilis.*

1.2 Âmbito do estudo

O estudo permitiria esclarecer as aplicações médicas e farmacêuticas das variedades de pimenta preta contra diferentes microrganismos, que poderiam ser mais exploradas.

1.3 Classificação taxonómica

Reino: Plantae-planta, plantes, plantas, vegetal

Sub-reino: Viridiplantae

Infra-reino: Streptophyta-plantas terrestres

Superdivisão: Embriófitas

Divisão: Tracheophyta - plantas vasculares, traqueófitas

Subdivisão: Spermatophytina-espermatófitas, plantas com sementes, fanerógamas

Classe: Magnoliopsida

Ordem: Piperales

Família: Piperáceas - pimentos

Género: Piper L.-pimenta

Espécies: *Piper nigrum* L.-Pimenta preta

Quadro 1. Diferentes nomes vernaculares de *Piper nigrum* L. em todo o mundo e na Índia.

Language	Names
Scientific names	*Piper nigrum* L.
Name in various global languages	
French	Poivre
German	Pfeffer
English	Black pepper
Name in various Indian languages	
Sanskrit	Marich
Hindi	Kali mirch
Urdu	Syah mirch
Marathi	Golmirich
Kannada	Karimenasu
Gujarati	Kalomirich
Malayalam	Kurumulaku
Tamil	Kurumilagu

2. Revisão da literatura

Na pimenta-do-reino, também foi observada alta variabilidade para caracteres que contribuem para o rendimento, como produção de rebentos, capacidade de retenção, produção de raízes adventícias, hábito de ramo lateral, comprimento de espiga, tipo de hermafroditismo, número de espigas por ramo lateral, frutificação, peso seco, óleo essencial, oleorresina e teor de piperina. A variabilidade intracultivar foi registada anteriormente e utilizada para caraterizar as cultivares de pimenta preta (Ratnambal et al., 1985; Pillai et al., 1987; Ravindran et aL, 1992a; Sasikumar et aL, 1999a; Mathew e Mathew, 2002).

As substâncias vegetais com sabor forte são designadas por especiarias e são utilizadas principalmente para dar sabor aos alimentos, sendo também conhecidas pela sua importância no sistema médico tradicional (Shete e Chitanand, 2014; Maharjan et aL, 2011). A pimenta preta é normalmente utilizada como especiaria e é principalmente utilizada em receitas de caril e tem um elevado valor medicinal (Rani et al., 2013). A pimenta preta é utilizada principalmente no tratamento de doenças como diarreia, febre, asma, sinusite, indigestão crónica, doenças de pele, cólera e os sistemas Ayurvédico e Unani utilizam o caule e a raiz da pimenta como medicamentos importantes (Ganesh et al., 2014; Akthar et aL, 2014; Rani et aL, 2013).

Hoje em dia, a investigação sobre a atividade antimicrobiana das plantas medicinais desenvolveu-se e a primeira investigação sobre a atividade antimicrobiana da pimenta foi realizada por Thakare (2004), que descobriu que o extrato etanólico de *Piper nigrum* L. apresenta atividade antibacteriana contra S. *aureus* (Bisignano et al., 1996; Hammer et al., 1999; Das et aL, 2009; Akthar et aL, 2014). A pimenta tem um sabor e um aroma únicos, derivados de metabolitos secundários, como alcalóides, esteróides, taninos, compostos fenólicos, flavonóides, resinas e ácidos gordos, que têm um efeito definitivo sobre os organismos causadores de doenças (Ganesh et aL, 2014; Shete e Chitanand, 2014). Os alcalóides desempenham um papel importante na dieta, na medicina e na resistência das plantas hospedeiras e os estudos mostram que as folhas de pimento inibem o crescimento de *Pseudomonas aeruginosa* (Rani et aL, 2013).

A atividade antimicrobiana é testada principalmente para a descoberta de medicamentos, a previsão de resultados terapêuticos e a epidemiologia, e a difusão em disco de ágar e a difusão em poço de ágar são os dois principais métodos de difusão utilizados para avaliar a atividade antimicrobiana (Balouiri et aL, 2016). Existem vários relatórios que mencionam propriedades antimicrobianas também associadas a poliaminas, isotiocianatos, tiossulfinatos e glicosídeos (Murakami et aL, 1993; Das et aL, 2010).

Os conservantes químicos e sintéticos actuais apresentam efeitos negativos, pelo que os consumidores tendem a utilizar componentes antimicrobianos naturais como conservantes e a pimenta tem um papel muito importante nesta mudança (Rani et aL, 2013). A espécie Piper é utilizada na medicina tradicional principalmente para febres intermitentes e para promover a secreção de bílis (Majeed e Prakash, 2000). A pimenta preta é classificada como um alimento que gera calor na medicina tradicional chinesa e também tem efeitos farmacológicos, tais como efeitos anti-oxidantes, anti-protozoários e pró-cinéticos (Okumura et aL, 2010). Para além da nutrição fundamental, a pimenta preta previne doenças crónicas e proporciona benefícios fisiológicos, sendo os dois principais componentes da pimenta o óleo volátil e os compostos pungentes (Sruthi et aL, 2013).

A pimenta-do-reino é uma trepadeira perene que, com a ajuda de raízes aéreas aderentes, trepa em árvores de apoio e, durante a estação das chuvas, a pimenteira produz rebentos adventícios e, tanto em termos de tamanho como de forma, as folhas da pimenteira são variáveis e a pimenteira apresenta espigas pendentes ou erectas (Nybe et aL, 1989; Ravindran, 2006).

As bactérias que dão resultados positivos no teste de coloração de Gram são designadas bactérias Gram positivas e *Bacillus subtilis* é uma bactéria Gram positiva que se encontra principalmente no solo e no trato gastrointestinal do ser humano e é um aeróbio obrigatório (Stein, 2005; Morrissey etal., 1980). *A Escherichia coli* é uma bactéria gram-negativa, anaeróbia facultativa, em forma de bastonete e classificada principalmente em dois grupos enteropatogénicos: *Escherichia coli* (EPEC) e *Escherichia coli* enteroagregativa (EAEC) (Kaper et eL, 2004; Dennys et aL, 2006).

Os componentes antimicrobianos do pimento podem variar devido a uma série de factores, incluindo as características da variedade, o solo e os factores climáticos. Os componentes antibacterianos também diferem em partes como o fruto, a folha e a espiga. Com base na diversidade morfológica entre as variedades de pimento em Kerala, partiu-se do princípio de que a atividade antibacteriana pode variar. O objetivo deste trabalho de investigação foi descobrir a atividade antibacteriana do pimento contra *E.coli* e *Bacillus subtilis.*

CAPÍTULO 3

3. Hipótese

O presente trabalho de investigação baseia-se na seguinte hipótese

1) Várias partes de plantas de *Piper nigrum* L apresentam atividade antibacteriana.

2) As diferentes variedades de pimenta preta diferem em termos de atividade antibacteriana.

3) As actividades antibacterianas também variam com o tipo de solvente utilizado para a extração.

CAPÍTULO 4

4. Materiais e métodos

4.1 Área de estudo

O estado de Kerala cobre uma área de 38.863 km^2 com uma densidade populacional de 859 habitantes por km^2 e distribuída por 14 distritos. O clima caracteriza-se por ser tropical húmido e seco, com uma precipitação média anual de 2 817 ± 406 mm e uma temperatura média anual de 26,8°C (médias de 1871-2005; Krishnakumar et aL, 2009). A precipitação máxima ocorre de junho a setembro, principalmente devido à Monção do Sudoeste, e as temperaturas são mais elevadas em maio e novembro (Figura 1).

4.2 Recolha e processamento de amostras

Foram seleccionadas várias variedades de pimenta em Kerala com base num inquérito de base, em informações recolhidas junto de vários beneficiários e em bases de dados. De dezembro de 2016 a janeiro de 2017, foram seleccionadas três variedades diferentes de pimento (Narayakodi, Karimunda, Kotta) e várias partes (fruto, espiga, folhas) em Kerala.

Os frutos, as folhas e as espigas são colhidos da planta do pimento e armazenados em sacos de polietileno com fecho de correr e processados no laboratório. As amostras foram cuidadosamente limpas com água duplamente destilada e secas numa estufa de ar quente a 60°C durante 48 horas.

As amostras foram finamente pulverizadas com uma misturadora de cozinha (Prestige Nakshatra plus, Prestige industries Mumbai) e depois armazenadas num saco de polietileno hermético com fecho de correr para análise. As amostras em pó foram dissolvidas em dois solventes: metanol e éter de petróleo. Os dois níveis de concentração seleccionados incluem 10 e 15% de força.

4.3 Conceção da experiência

A experiência foi conduzida de forma fatorial, com três variedades: Narayakodi (N), Karimunda (Ka) e Kotta (K); três partes da planta: fruto (F), espiga (S) e folhas (L); duas concentrações (10 e 15%); e dois solventes (metanol e éter de petróleo) contra duas bactérias (*E.coli* e *Bacillus subtilis*).

4.3.1 Experiência

As amostras em pó foram dissolvidas nos respectivos solventes com as duas concentrações diferentes. Os extractos dissolvidos foram transferidos para frascos de polietileno (PE).

4.3.2 Preparações de culturas bacterianas

A cultura bacteriana para a experiência (E. *coll* e *Bacillus subtilis*) foi recolhida do laboratório de Biotecnologia do Colégio Mar Augusthinose e mantida em caldo nutriente. Preparar 50ml de caldo e após a esterilização do meio inocular a respectiva cultura bacteriana no caldo, incubar a 25-30°C durante 12 h utilizando protocolos microbiológicos padrão.

4.4 Ensaio antimicrobiano

O ensaio antimicrobiano foi efectuado pelo método de difusão em poço de ágar e pelo método de difusão em disco de ágar.

4.4.1 Método de difusão em poço de ágar

A atividade antibacteriana das variedades de pimento foi avaliada utilizando o método de difusão em ágar. As placas de ágar Muller hinton foram preparadas e inoculadas com o organismo de teste, espalhando o inóculo bacteriano na superfície do meio com a ajuda de uma haste em forma de "L". Foram perfurados três poços no ágar utilizando a ponta cortada da micropipeta (200 µl). Foram adicionados extractos com diferentes concentrações, tais como 25 mg/ml, 50 mg/ml, 75 mg/ml. As placas foram incubadas a 37°C durante 24 h. A atividade antibacteriana foi avaliada medindo o diâmetro da zona de inibição e registada em milímetros (mm).

4.4.2 Método de difusão em disco de ágar

Os extractos das amostras (25, 50, 75 mg/ml) foram vertidos nos discos de papel estéril de 6 mm de diâmetro colocados na placa de Petri pré-inoculada com agentes patogénicos bacterianos *(E. coli* e *Bacillus subtilis)*. Em seguida, as placas são incubadas a 37°C durante 24 h para o crescimento bacteriano. Após a incubação, a atividade antibacteriana foi indicada por uma zona de inibição clara e o diâmetro da zona de inibição foi registado.

4.5 Análise estatística

Os resultados do inquérito foram analisados e a estatística descritiva foi efectuada utilizando o SPSS 12.0 (SPSS Inc., uma empresa IBM, Chicago, EUA) e os gráficos foram gerados utilizando o Sigma Plot 7 (Systat Software Inc., Chicago, EUA).

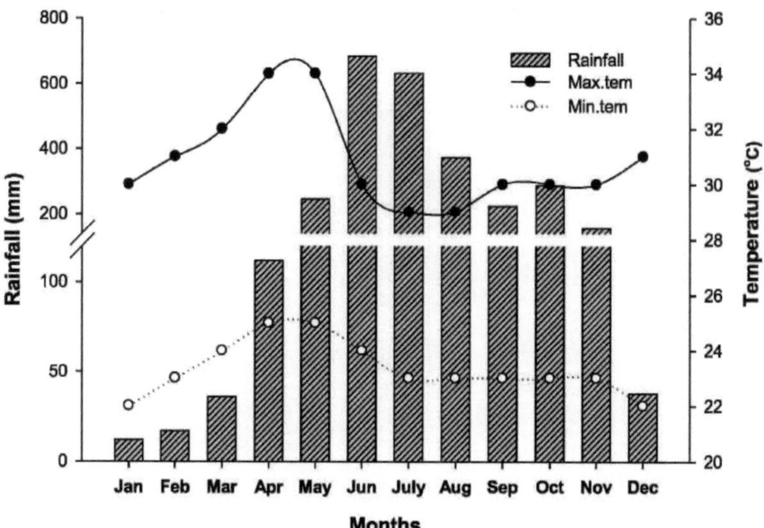

Figure 1. Precipitação média mensal (mm) e temperaturas máxima e mínima (°C) em Kerala, Índia (1871-2005; Krishnakumar et al., 2009).

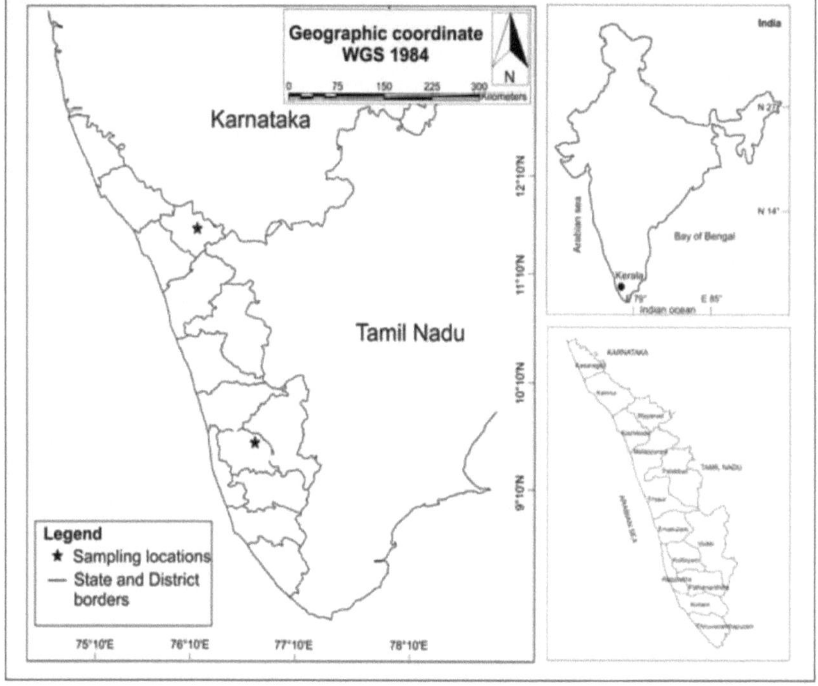

Figure 2. Mapa de Kerala mostrando os vários pontos de recolha de amostras de *Piper nigrum L.* Trabalho dos autores.

Figura 3. Planta da pimenta *(Piper nigrum) com* grãos de pimenta imaturos. Foto cedida por cortesia: Wikipedia.

Figura 4. Descrição da pimenta preta *(Piper nigrum)* a) árvore com frutos meio maduros, b) planta trepando num suporte, c) espiga e folha, d) grãos de pimenta preta, verde, rosa e branca, e) diferentes tipos de grãos de pimenta. Foto cedida por cortesia: Wikipedia.

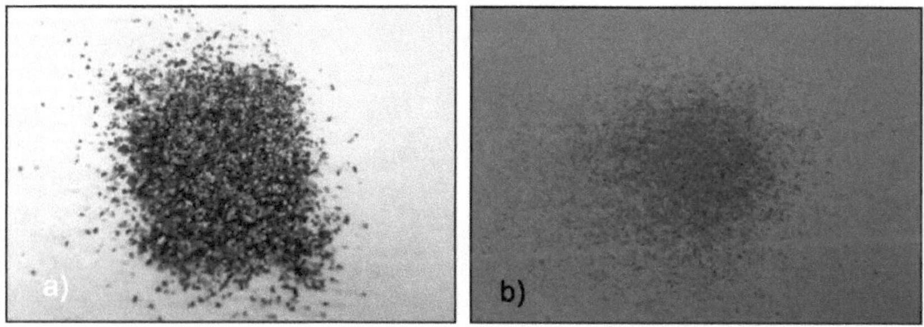

17

Figura 5. Descrição da pimenta preta *(Piper nigrum)* a) grãos de pimenta preta, b) grãos de pimenta branca, c) grande plano do grão de pimenta, d) moinhos de pimenta manuais, e) grãos de pimenta preta grosseiramente rachados. Foto cedida por cortesia: Wikipedia.

Figura 6. Descrição da pimenta preta *(Piper nigrum)* a) frutos totalmente maduros, b) frutos maduros, c) frutos verdes maduros separados da haste, d) frutos vermelhos totalmente maduros separados da haste, e) frutos maduros e totalmente maduros com haste, f) grãos de pimenta secos. Imagens dos autores.

Figura 7. Descrição de Narayakodi (P8) a) pimenteira com árvore de suporte b) pimenteira com espiga e folhas, c) folha de pimenteira, d) espiga com frutos maduros, e) frutos

totalmente maduros, espiga sem frutos, frutos individuais. Imagens dos autores.

Figura 8. Descrição de Kotta (P10) a) e d) pimenteira com árvore de suporte, folhas e espiga, b) espiga madura com folhas, c) espiga em desenvolvimento, e) espiga madura com frutos. Imagens dos autores.

Figura 9. Descrição de Karimunda (P14) a) espiga e frutos imaturos, folhas; b) e c) espiga imatura, d) e e) espiga e frutos completamente maduros, f) espiga madura. Imagens dos autores.

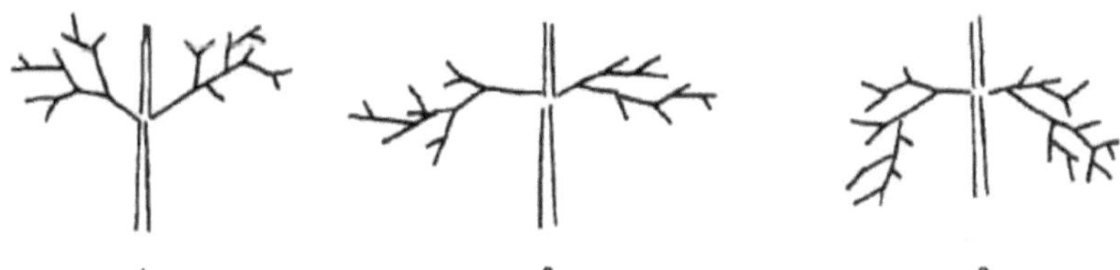

Figura 10. Hábito dos ramos laterais de *Piper nigrum* L.; 1-Errectos, 2-Horrizontais, 3-Pendentes (IPGRI, 1995).

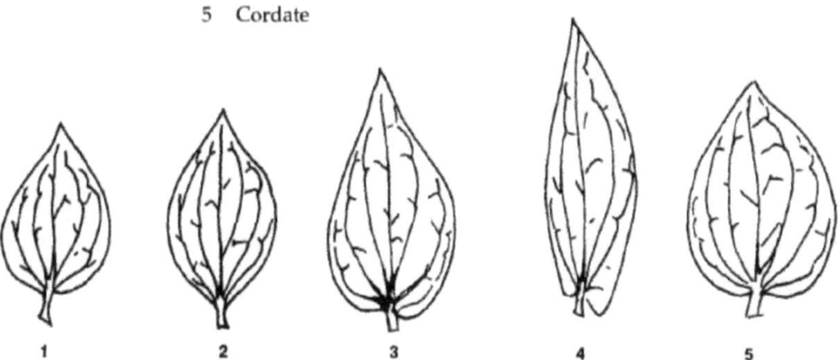

Figura 11. Forma da lâmina foliar de *Piper nigrum* L.; 1-Ovada, 2-Ovada-elíptica, 3-Ovada-lanceolada, 4-Elíptica-lanceolada, 5-Cordada (IPGRI, 1995).

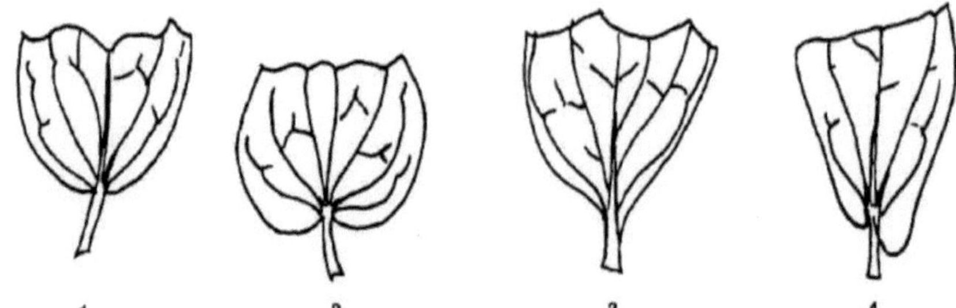

Figura 12. Forma da base da folha de *Piper nigrum* L.; 1-Round, 2-Cordate, 3-Acute, 4-Oblique (IPGRI, 1995).

Figura 13. Margem da folha de *Piper nigrum* L.; 1-Enorme (inteira), 2-Ondulada (repandida) (IPGRI, 1995).

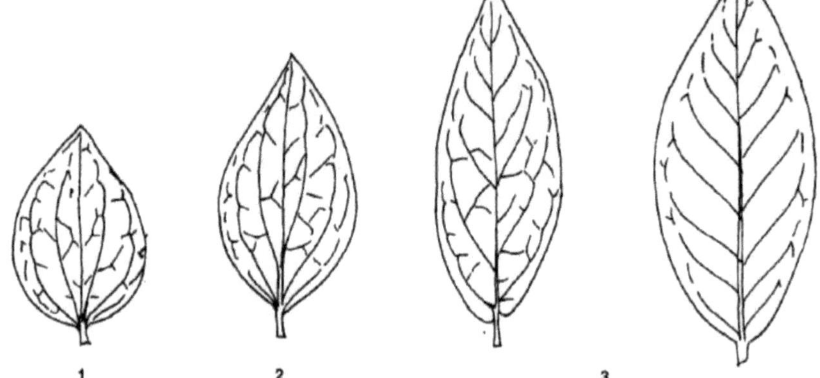

Figura 14. Tipos de nervuras *da Piper nigrum* L.; 1-Acrodroma, 2-Campilodroma, 3-Eucamptodroma (IPGRI, 1995).

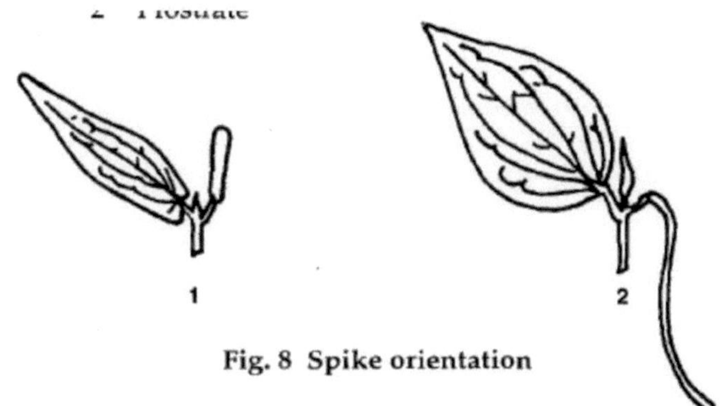

Figura 15. Orientação da espiga de *Piper nigrum* L.; 1-Errectas, 2-Prostradas (IPGRI, 1995).

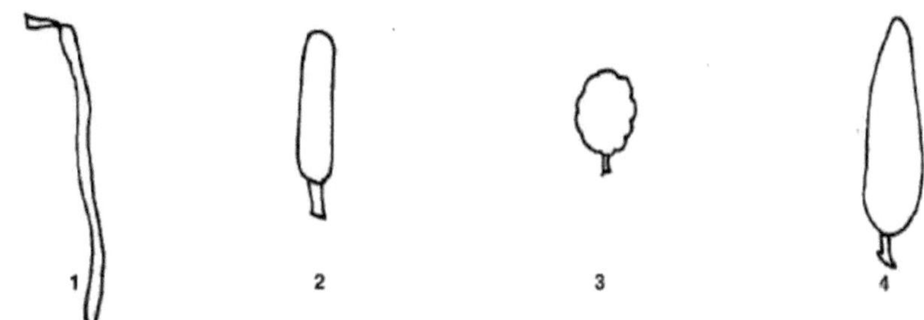

Figura 16. Forma da espiga de *Piper nigrum* L.; 1-Filiforme, 2-Cilíndrica, 3-Globular, 4-Cónica (IPGRI, 1995).

Figura 17. Forma do fruto de *Piper nigrum* L.; 1-Filiforme, 2-Cilíndrico, 3-Globular, 4-Cónico (IPGRI, 1995).

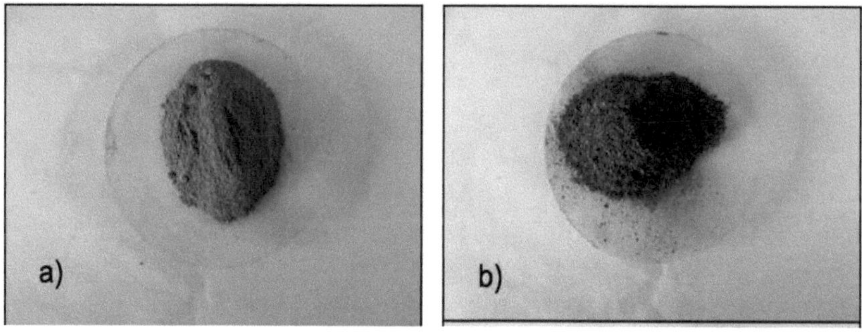

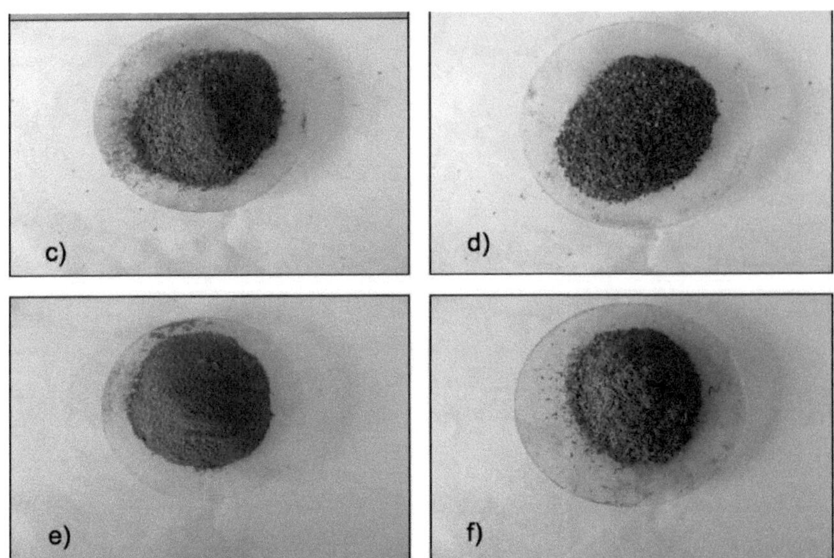

Figura 18. Descrição dos grãos de pimenta preta em pó e partes de plantas de variedades de pimenta seleccionadas a) Fruto de Narayakodi (P8), b) Folhas de Narayakodi (P8), c) Espiga de Narayakodi (P8), d) Fruto de Karimunda (P14), e) Folhas de Karimunda (P14), f) Espiga de Karimunda (P14). Imagens dos autores.

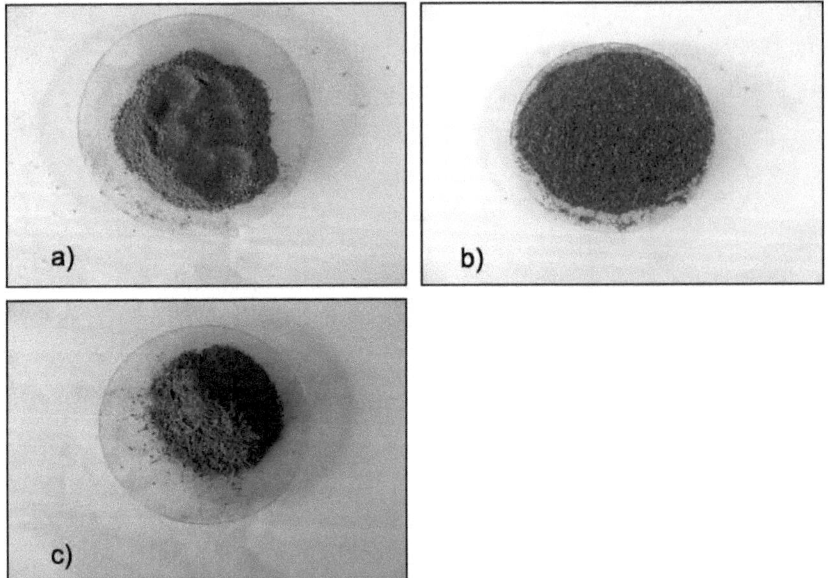

Figure 19. Descrição dos grãos de pimenta preta em pó e das partes de plantas de variedades de pimenta seleccionadas a) Fruto de Kotta (P10), b) Folhas de Kotta (P10), c)

Espiga de Kotta (P10). Imagens dos autores.

Quadro 2. Descrição das variedades de *Pepper nigrum* L. (P8, P14, P10) e dos locais em Kerala.

Samples	Type*	Local name	GPS position		Altitude (m)
			Latitude	Longitude	
P8	P	Narayakodi	8°56'0.05" N	76°56'44.09" E	95
P14	P	Karimunda	8°56'55.38"N	76°56'14.89" E	99
P10	NP	Kotta	8°56'00.87"N	76°56'09.76"E	100

P: Popular; NP: Não popular

Quadro 3. Características e propriedades das plantas das variedades de *Piper nigrum* L. (P8, P14, P10) em Kerala.

Samples	Plant growth habitat	Vine column height (m)	Vine column diameter (m)	Support type	Support height (m)	Support diameter (cm)	Branching type
P8	Climbing	5.00	3.00	Living	6.00	70	Dimorphic
P14	Climbing	3.00	2.00	Living	4.50	65	Dimorphic
P10	Climbing	4.00	1.50	Living	6.00	90	Dimorphic

P8; Narayakodi, P14; Karimunda, P10; Kotta.

Os números representam as médias ± um erro padrão (SE) da média

Quadro 4. Características e propriedades das plantas das variedades de *Piper nigrum* L. (P8, P14, P10) em Kerala.

Samples	Young shoot tip colour	Runner shoot production	Holding capacity	Adventitious root production	Pubescence on stem	Lateral branch habit	Lateral branch length (cm)	Number of nodes in lateral branch
P8	Greenish yellow	Few	Weak	Few	Absent	Hanging	63.66 ± 3.38	28.00 ± 4.93
P14	Greenish yellow	Many	Strong	Many	Absent	Hanging	46.00 ± 1.73	16.33 ± 1.20
P10	Greenish yellow	Few	Strong	Few	Absent	Horizontal	59.00 ± 0.57	16.67 ± 0.88

P8; Narayakodi, P14; Karimunda, P10; Kotta.

Os números representam as médias ± um erro padrão (SE) da média.

Quadro 5. Características e propriedades das plantas das variedades de *Piper nigrum* L. (P8, P14, P10) em Kerala.

Samples	Juvenile leaf length	Leaf petiole length (cm)	Leaf length (cm)	Leaf width (cm)	Leaf thickness (mm)	Leaf lamina shape	Leaf base shape	Leaf margin
P8	Short	1.50 ± 0.28	13.83 ± 0.60	6.83 ± 0.44	0.95 ± 0.02	Lanceolate	Round	Even
P14	Short	1.23 ± 0.14	11.33 ± 0.88	6.16 ± 0.60	1.31 ± 0.01	Ovate-elliptic	Acute	Even
P10	Short	1.63 ± 0.34	15.00 ± 0.57	7.93 ± 0.44	1.19 ± 0.02	Ovate	Codate	Even

P8; Narayakodi, P14; Karimunda, P10; Kotta.

Os números representam as médias ± um erro padrão (SE) da média.

Quadro 6. Características e propriedades das plantas das variedades de *Piper nigrum* L.

(P8, P14, P10) em Kerala.

Samples	Type of veining	Spike orientation	Spike shape	Spike colour	Spike fragrance	Spike length	Peduncle length (cm)	Number of spikes per vine
P8	Campylodromous	Prostrate	Filiform	Green	Not fragrant	7.20 ± 0.75	1.90 ± 0.15	400
P14	Campylodromous	Prostrate	Filiform	Green	Fragrant	6.00 ± 0.57	0.59 ± 0.11	150
P10	Eucamptodromous	Prostrate	Filiform	Greenish yellow	Fragrant	6.00 ± 0.57	0.88 ± 0.03	300

P8; Narayakodi, P14; Karimunda, P10; Kotta.

Os números representam as médias ± um erro padrão (SE) da média.

Quadro 7. Características e propriedades das plantas das variedades de *Piper nigrum* L. (P8, P14, P10) em Kerala.

Samples	Number of spikes per lateral branch	Spike texture	Fruit setting (%)	Number of well developed fruits per spike	Fruit shape	Fruit size	Colour change while fruit ripening	Fruit taste
P8	9.33 ± 1.20	Glabrous	60	93.66 ± 5.60	Round	Intermediate	Green to yellow then red	Spicy
P14	8.00 ± 0.57	Glabrous	65	83.46 ± 0.17	Round	Small	Green to red	Spicy
P10	53.33 ± 5.20	Glabrous	70	56.67 ± 2.02	Round	Intermediate	Green to red	Spicy

P8; Narayakodi, P14; Karimunda, P10; Kotta.

Os números representam as médias ± um erro padrão (SE) da média

Quadro 8. Características e propriedades *das* plantas *das* variedades de *Piper nigrum* L. (P8, P14, P10) em Kerala.

Samples	100 fruit volume (cc)	100 fruit weight (g)	100 dry fruit weight (g)	100 seed volume (cc)	100 seed weight (mg)	100 dry seed weight (mg)	Seed shape	Seed texture
P8	21.06 ± 1.26	15.43 ± 0.76	7.02 ± 0.68	19.23 ± 0.12	12.15 ± 0.22	5.35 ± 0.02	Round	Smooth
P14	19.43 ± 0.21	13.43 ± 0.21	5.02 ± 0.32	17.46 ± 0.17	11.21 ± 0.41	4.31 ± 0.01	Ovate	Smooth
P10	18.16 ± 0.29	12.13 ± 0.56	4.31 ± 0.81	17.11 ± 0.53	11.05 ± 0.87	4.05 ± 0.12	Round	Smooth

P8; Narayakodi, P14; Karimunda, P10; Kotta.

Os números representam as médias ± um erro padrão (SE) da média.

Tabela 9. Estudo da atividade antimicrobiana com diferentes variedades de *Piper nigrum* L. (P8, P14, P10) utilizando extractos solventes de metanol contra *E. coli* em concentrações variáveis (10 e 15%) utilizando o método de difusão em poço.

Variety	Plant part	Concentration (%)	Code	Zone of inhibition (mm) using different volume		
				25 (µl)	50 (µl)	75 (µl)
Narayakodi (P8)	Fruit (F)	10	NFM10%E	8.83 ± 0.11	10.00 ± 0.24	15.12 ± 1.21
	Spike (S)	10	NSM10%E	0.00 ± 0.00	8.10 ± 0.34	15.21 ± 0.58
	Leaf (L)	10	NLM10%E	0.00 ± 0.00	6.58 ± 0.18	10.23 ± 0.98
Narayakodi (P8)	Fruit (F)	15	NFM15%E	7.87 ± 0.32	10.67 ± 0.21	21.34 ± 0.54
	Spike (S)	15	NSM15%E	0.00 ± 0.00	8.57 ± 0.33	18.21 ± 0.59
	Leaf (L)	15	NLM15%E	0.00 ± 0.00	9.44 ± 0.11	13.45 ± 0.75

Variety	Plant part	Concentration (%)	Code			
Karimunda (P14)	Fruit (F)	10	KaFM10%E	7.56 ± 0.45	10.04 ± 0.45	16.21 ± 0.88
	Spike (S)	10	KaSM10%E	7.30 ± 0.35	10.81 ± 0.32	15.67 ± 0.80
	Leaf (L)	10	KaLM10%E	7.32 ± 0.35	10.41 ± 0.12	15.77 ± 0.89
Karimunda (P14)	Fruit (F)	15	KaFM15%E	9.56 ± 0.41	13.04 ± 0.49	18.41 ± 0.81
	Spike (S)	15	KaSM15%E	6.50 ± 0.31	13.81 ± 0.39	18.17 ± 0.40
	Leaf (L)	15	KaLM15%E	9.37 ± 0.31	14.89 ± 0.18	19.70 ± 0.29
Kotta (P10)	Fruit (F)	10	KFM10%E	0.00 ± 0.00	7.15 ± 0.49	10.41 ± 0.18
	Spike (S)	10	KSM10%E	8.10 ± 0.39	12.11 ± 0.67	15.07 ± 0.85
	Leaf (L)	10	KLM10%E	0.00 ± 0.00	6.53 ± 0.18	8.37 ± 0.19
Kotta (P10)	Fruit (F)	15	KFM15%E	6.56 ± 0.45	9.14 ± 0.57	13.19 ± 0.81
	Spike (S)	15	KSM15%E	8.26 ± 0.40	14.24 ± 0.49	20.29 ± 0.43
	Leaf (L)	15	KLM15%E	0.00 ± 0.00	6.91 ± 0.19	10.27 ± 0.80

Narayakodi: P8; Karimunda: P14; Kotta: P10; Fruto: F; Espiga: S; Folha: L; M: Extrato de metanol; E: *E.coli* Os números representam as médias ± um erro padrão (SE) da média.

Tabela 10. Estudo da atividade antimicrobiana utilizando diferentes variedades de *Piper nigrum* L. (P8, P14, P10) utilizando extractos de solvente de éter de petróleo contra *E.coli* em concentrações variáveis (10 e 15%) utilizando o método de difusão em poço.

Variety	Plant part	Concentration (%)	Code	Zone of inhibition (mm) using different volume		
				25 (µl)	50 (µl)	75(µl)
Narayakodi (P8)	Fruit (F)	10	NFP10%E	0.00 ± 0.00	0.00 ± 0.00	7.00 ± 0.35
	Spike (S)	10	NSP10%E	0.00 ± 0.00	0.00 ± 0.00	7.13± 0.39
	Leaf (L)	10	NLP10%E	0.00 ± 0.00	0.00 ± 0.00	9.05 ± 0.89
Narayakodi (P8)	Fruit (F)	15	NFP15%E	6.57 ± 0.12	9.80 ± 0.25	15.09 ± 0.54
	Spike (S)	15	NSP15%E	7.69 ± 0.17	10.37 ± 0.13	17.83 ± 0.62
	Leaf (L)	15	NLP15%E	7.99 ± 0.40	10.32 ± 0.17	18.15 ± 0.78
Karimunda (P14)	Fruit (F)	10	KaFP10%E	0.00 ± 0.00	8.44 ± 0.10	10.45 ± 0.71
	Spike (S)	10	KaSP10%E	0.00 ± 0.00	0.00 ± 0.00	0.00 ± 0.00
	Leaf (L)	10	KaLP10%E	0.00 ± 0.00	9.34 ± 0.81	13.18 ± 0.38
Karimunda (P14)	Fruit (F)	15	KaFP15%E	9.32 ± 0.45	13.67 ± 0.78	19.13± 0.31
	Spike (S)	15	KaSP15%E	0.00 ± 0.00	0.00 ± 0.00	6.95 ± 0.29
	Leaf (L)	15	KaLP15%E	7.20 ± 0.89	12.32 ± 0.43	17.10 ± 0.34
Kotta(P10)	Fruit (F)	10	KFP10%E	0.00 ± 0.00	0.00 ± 0.00	6.10± 0.31
	Spike (S)	10	KSP10%E	0.00 ± 0.00	7.18 ± 0.36	15.05 ± 0.89
	Leaf (L)	10	KLP10%E	0.00 ± 0.00	6.70 ± 0.43	8.12 ± 0.31
Kotta (P10)	Fruit (F)	15	KFP15%E	6.45 ± 0.09	8.23 ± 0.45	10.33± 0.31
	Spike (S)	15	KSP15%E	0.00 ± 0.00	7.56 ± 0.81	15.01 ± 0.80
	Leaf (L)	15	KLP15%E	8.34 ± 0.00	10.53 ± 0.11	15.11 ± 0.32

Narayakodi: P8; Karimunda: P14; Kotta: P10; Fruto: F; Espiga: S; Folha: L; P: Extrato de éter de petróleo; E: *E.coli* Os números representam as médias ± um erro padrão (SE) da média.

Tabela 11. Estudo da atividade antimicrobiana com diferentes variedades de *Piper nigrum* L. (P8, P14, P10) utilizando extractos solventes de metanol contra *Bacillus subtilis* em concentrações variáveis (10 e 15%) utilizando o método de difusão em poço.

Variety	Plant part	Concentration (%)	Code	Zone of inhibition (mm) using different volume		
				25 (µl)	50 (µl)	75 (µl)
Narayakodi (P8)	Fruit (F)	10	NFM10%B	6.80 ± 0.23	10.32 ± 0.12	15.22 ± 0.55
	Spike (S)	10	NSM10%B	0.00 ± 0.00	0.00 ± 0.00	12.19 ± 0.21
	Leaf (L)	10	NLM10%B	6.90 ± 0.32	8.18 ± 0.28	9.80 ± 0.32
Narayakodi (P8)	Fruit (F)	15	NFM15%B	8.29 ± 0.12	12.28 ± 0.35	17.00 ± 0.58
	Spike (S)	15	NSM15%B	8.39 ± 0.56	10.17 ± 0.41	15.13 ± 0.49
	Leaf (L)	15	NLM15%B	9.25 ± 0.33	12.67 ± 0.11	16.97 ± 0.75
Karimunda (P14)	Fruit (F)	10	KaFM10%B	0.00 ± 0.00	8.74 ± 0.49	10.43 ± 0.58
	Spike (S)	10	KaSM10%B	0.00 ± 0.00	0.00 ± 0.00	6.52 ± 0.29
	Leaf (L)	10	KaLM10%B	0.00 ± 0.00	6.74 ± 0.38	9.03 ± 0.47
Karimunda (P14)	Fruit (F)	15	KaFM15%B	10.05 ± 0.19	12.34 ± 0.29	18.42 ±0. 60
	Spike (S)	15	KaSM15%B	0.00 ± 0.00	6.74 ± 0.47	8.73 ± 0.92
	Leaf (L)	15	KaLM15%B	6.70 ± 0.18	10.00 ± 0.23	13.74 ±0. 60
Kotta (P10)	Fruit (F)	10	KFM10%B	7.46 ± 0.75	10.24 ± 0.47	14.33 ± 0.78
	Spike (S)	10	KSM10%B	6.80 ± 0.27	8.71 ± 0.66	10.52 ±0.74
	Leaf (L)	10	KLM10%B	6.90 ± 0.15	8.24 ± 0.46	10.00 ±0.68
Kotta (P10)	Fruit (F)	15	KFM15%B	9.20 ± 0.36	11.51 ± 0.31	16.51 ±0. 27
	Spike (S)	15	KSM15%B	9.56 ± 0.41	11.94 ± 0.47	15.30 ± 0.61
	Leaf(L)	15	KLM15%B	10.30 ± 0.35	12.81 ± 0.32	14.57 ± 0.80

Narayakodi: P8; Karimunda: P14; Kotta: P10; Fruto: F; Espiga: S; Folha: L; M: Extrato de metanol; B: *Bacilus.subtilis* Os números representam as médias ± um erro padrão (SE) da média

Tabela 12. Estudo da atividade antimicrobiana utilizando diferentes variedades de *Piper nigrum* L. (P8, P14, P10) utilizando extractos de solvente de éter de petróleo contra *Bacillus subtilis* em concentrações variáveis (10 e 15%) utilizando o método de difusão em poço.

Variety	Plant part	Concentration (%)	Code	Zone of inhibition (mm) using different volume		
				25 (µl)	50 (µl)	75 (µl)
Narayakodi (P8)	Fruit (F)	10	NFP10%B	0.00 ± 0.00	7.53 ± 0.38	12.42 ± 0.29
	Spike (S)	10	NSP10%B	0.00 ± 0.00	0.00 ± 0.00	0.00 ± 0.00
	Leaf (L)	10	NLP10%B	0.00 ± 0.00	0.00 ± 0.00	0.00 ± 0.00
Narayakodi (P8)	Fruit (F)	15	NFP15%B	0.00 ± 0.00	10.56 ± 0.21	17.75 ± 0.36
	Spike (S)	15	NSP15%B	0.00 ± 0.00	0.00 ± 0.00	6.91 ± 0.85
	Leaf (L)	15	NLP15%B	0.00 ± 0.00	6.55 ± 0.27	8.82 ± 0.67
Karimunda (P14)	Fruit (F)	10	KaFP10%B	0.00 ± 0.00	0.00 ± 0.00	0.00 ± 0.00
	Spike (S)	10	KaSP10%B	0.00 ± 0.00	0.00 ± 0.00	0.00 ± 0.00
	Leaf (L)	10	KaLP10%B	0.00 ± 0.00	0.00 ± 0.00	7.73 ±0. 69
Karimunda (P14)	Fruit (F)	15	KaFP15%B	0.00 ± 0.00	6.51 ± 0.61	10.44 ± 0.74
	Spike (S)	15	KaSP15%B	0.00 ± 0.00	9.24 ± 0.41	11.23 ±0. 58
	Leaf (L)	15	KaLP15%B	0.00 ± 0.00	8.61 ± 0.35	11.54 ±0. 80
Kotta (P10)	Fruit (F)	10	KFP10%B	0.00 ± 0.00	7.91 ± 0.25	10.27 ± 48
	Spike (S)	10	KSP10%B	0.00 ± 0.00	0.00 ± 0.00	0.00 ± 0.00
	Leaf (L)	10	KLP10%B	0.00 ± 0.00	0.00 ± 0.00	0.00 ± 0.00
Kotta (P10)	Fruit (F)	15	KFP15%B	0.00 ± 0.00	10.11 ± 0.26	12.57 ±0.37
	Spike (S)	15	KSP15%B	0.00 ± 0.00	0.00 ± 0.00	7.33 ± 0.62
	Leaf (L)	15	KLP15%B	0.00 ± 0.00	0.00 ± 0.00	6.51 ± 0.35

Narayakodi: P8; Karimunda: P14; Kotta: P10; Fruto: F; Espiga: S; Folha: L; P: Extrato de éter de petróleo; B: *Bacilus.subtilis*

Os números representam as médias ± um erro padrão (SE) da média

Tabela 13. Estudo da atividade antimicrobiana com diferentes variedades de *Piper nigrum* L. (P8, P14, P10) utilizando extractos solventes de metanol contra *E. coli* em concentrações variáveis (10 e 15%) utilizando o método de difusão em disco.

Variety	Plant part	Concentration (%)	Code	Zone of inhibition (mm) using different volume		
				25 (µl)	50 (µl)	75 (µl)
Narayakodi (P8)	Fruit (F)	10	NFM10%E	6.21 ± 0.12	7.13 ± 0.59	8.92 ± 0.69
	Spike (S)	10	NSM10%E	6.50 ± 0.23	7.00 ± 0.34	9.18 ± 0.81
	Leaf (L)	10	NLM10%E	0.00 ± 0.00	0.00 ± 0.00	6.26± 0.45
Narayakodi (P8)	Fruit (F)	15	NFM15%E	6.50 ± 0.40	8.06 ± 0.41	10.00 ± 0.62
	Spike (S)	15	NSM15%E	6.90 ± 0.36	8.20 ± 0.56	12.69 ± 0.87
	Leaf (L)	15	NLM15%E	6.50 ± 0.18	7.85 ± 0.29	10.52 ± 0.37
Karimunda (P14)	Fruit (F)	10	KaFM10%E	0.00 ± 0.00	0.00 ± 0.00	0.00 ± 0.00
	Spike (S)	10	KaSM10%E	0.00 ± 0.00	0.00 ± 0.00	0.00 ± 0.00
	Leaf (L)	10	KaLM10%E	0.00 ± 0.00	0.00 ± 0.00	0.00 ± 0.00
Karimunda (P14)	Fruit (F)	15	KaFM15%E	0.00 ± 0.00	7.11 ± 0.64	10.74 ± 0.57
	Spike (S)	15	KaSM15%E	0.00 ± 0.00	7.84 ± 0.31	8.33 ±0. 48
	Leaf (L)	15	KaLM15%E	0.00 ± 0.00	0.00 ± 0.00	0.00 ± 0.00
Kotta (P10)	Fruit (F)	10	KFM10%E	0.00 ± 0.00	7.01 ± 0.65	9.27 ± 88
	Spike (S)	10	KSM10%E	0.00 ± 0.00	8.50 ± 0.71	9.53 ± 0.64
	Leaf (L)	10	KLM10%E	0.00 ± 0.00	0.00 ± 0.00	0.00 ± 0.00
Kotta (P10)	Fruit (F)	15	KFM15%E	0.00 ± 0.00	6.05 ± 0.16	7.57 ±0.47
	Spike (S)	15	KSM15%E	0.00 ± 0.00	9.58 ± 0.25	11.00 ± 0.46
	Leaf (L)	15	KLM15%E	6.02 ± 0.62	7.60 ± 0.24	8.21 ± 0.32

Narayakodi; P8; Karimunda: P14; Kotta: P10; Fruto: F; Espiga: S; Folha: L M: Extrato de metanol; E: *E.coli*

Os números representam as médias + um erro padrão (EP) da média

Tabela 14. Estudo da atividade antimicrobiana utilizando diferentes variedades de *Piper nigrum* L. (P8, P14, P10) utilizando extractos de solvente de éter de petróleo contra *E.coli* em concentrações variáveis (10 e 15%) utilizando o método de difusão em disco.

Variety	Plant part	Concentration (%)	Code	Zone of inhibition (mm) using different volume		
				25 (µl)	50 (µl)	75 (µl)
Narayakodi (P8)	Fruit (F)	10	NFP10%E	0.00 ± 0.00	0.00 ± 0.00	0.00 ± 0.00
	Spike (S)	10	NSP10%E	0.00 ± 0.00	0.00 ± 0.00	9.30 ± 0.65
	Leaf (L)	10	NLP10%E	0.00 ± 0.00	0.00 ± 0.00	0.00 ± 0.00
Narayakodi (P8)	Fruit (F)	15	NFP15%E	0.00 ± 0.00	0.00 ± 0.00	0.00 ± 0.00
	Spike (S)	15	NSP15%E	0.00 ± 0.00	7.23 ± 0.67	11.91 ± 0.85
	Leaf (L)	15	NLP15%E	0.00 ± 0.00	0.00 ± 0.00	0.00 ± 0.00
Karimunda (P14)	Fruit (F)	10	KaFP10%E	0.00 ± 0.00	0.00 ± 0.00	0.00 ± 0.00
	Spike (S)	10	KaSP10%E	0.00 ± 0.00	0.00 ± 0.00	0.00 ± 0.00
	Leaf (L)	10	KaLP10%E	0.00 ± 0.00	0.00 ± 0.00	7.73 ±0. 69
Karimunda (P14)	Fruit (F)	15	KaFP15%E	6.52 ± 0.46	8.41 ± 0.67	10.54 ± 0.73
	Spike (S)	15	KaSP15%E	0.00 ± 0.00	0.00 ± 0.00	7.01 ± 0.39
	Leaf (L)	15	KaLP15%E	0.00 ± 0.00	0.00 ± 0.00	0.00 ± 0.00

	Fruit (F)	10	KFP10%E	0.00 ± 0.00	0.00 ± 0.00	0.00 ± 0.00
Kotta (P10)	Spike (S)	10	KSP10%E	0.00 ± 0.00	0.00 ± 0.00	0.00 ± 0.00
	Leaf (L)	10	KLP10%E	0.00 ± 0.00	0.00 ± 0.00	0.00 ± 0.00
	Fruit (F)	15	KFP15%E	0.00 ± 0.00	0.00 ± 0.00	0.00 ± 0.00
Kotta (P10)	Spike (S)	15	KSP15%E	0.00 ± 0.00	0.00 ± 0.00	0.00 ± 0.00
	Leaf (L)	15	KLP15%E	0.00 ± 0.00	0.00 ± 0.00	0.00 ± 0.00

Narayakodi: P8; Karimunda: P14; Kotta: P10; Fruto: F; Espiga: S; Folha: L; P: Extrato de éter de petróleo; E: *E.coli*

Os números representam as médias ± um erro padrão (SE) da media

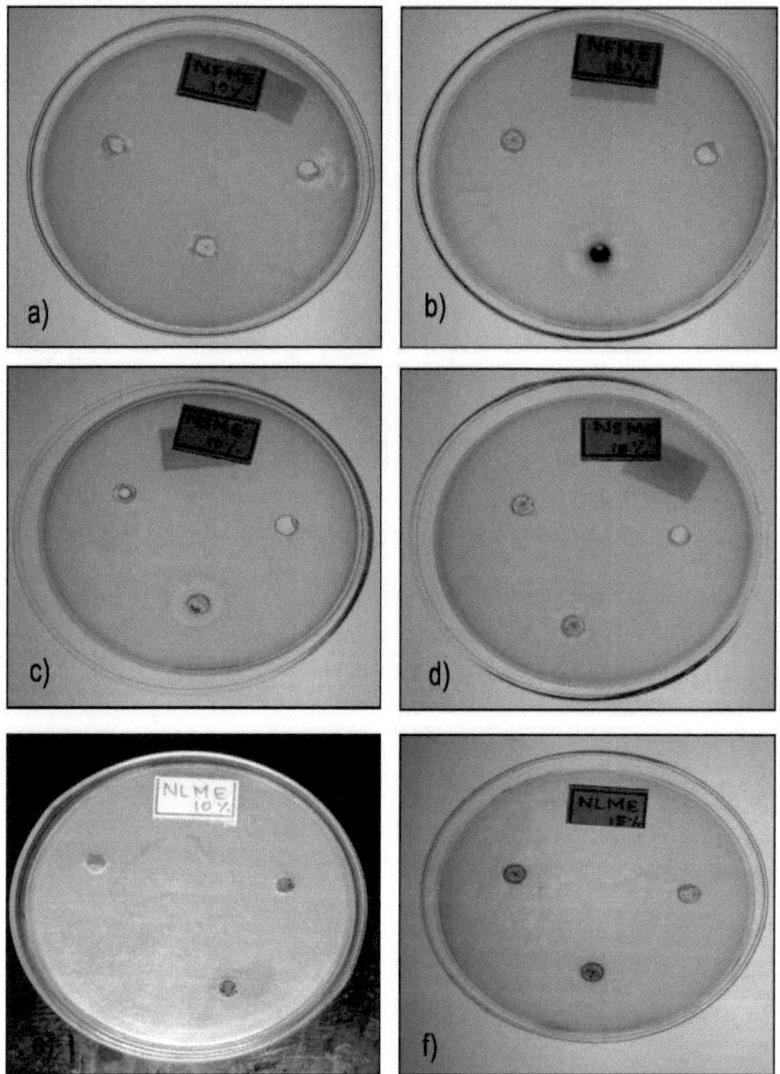

Figure 20. Atividade antimicrobiana a) NFME10%, b) NFME15%, c) NSME10%, d)

NSME15%, e) NLME10%, f) NLME15%. Imagens dos autores.

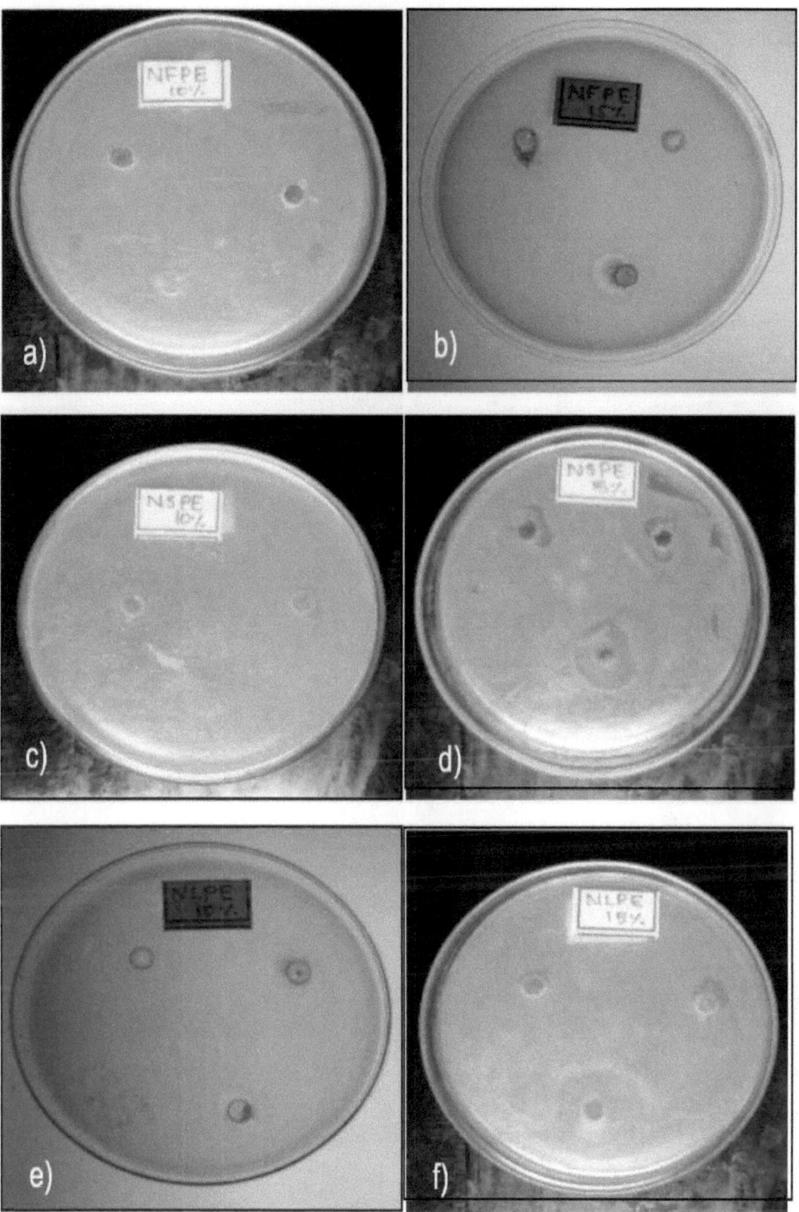

Figure 21. Atividade antimicrobiana a) NFPE10%, b) NFPE15%, c) NSPE10%,d) NSPE15%, e) NLPE10%, f) NLPE15%. Imagens dos autores.

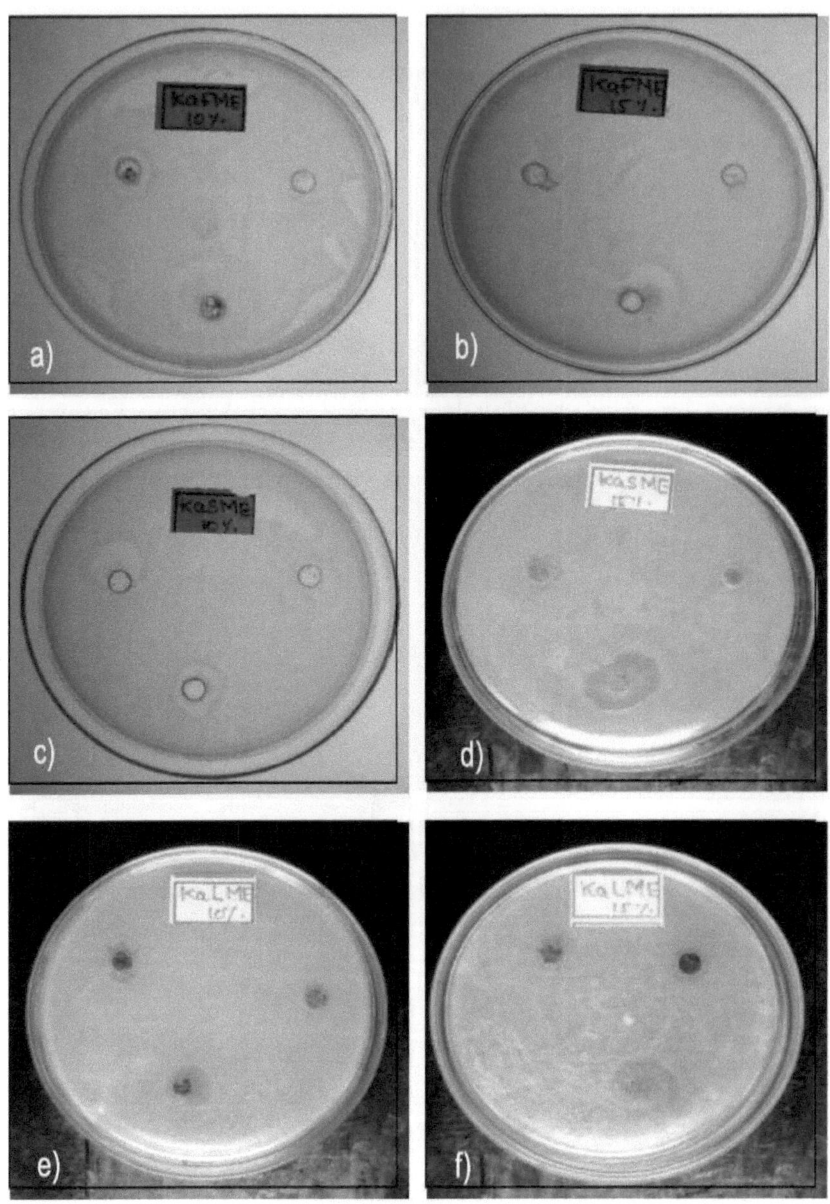

Figura 22. Atividade antimicrobiana a) KaFME10%, b) KaFME15%, c) KaSME10%, d) KaSME15%, e) KaLME10%, f) KaLME15%. Imagens dos autores.

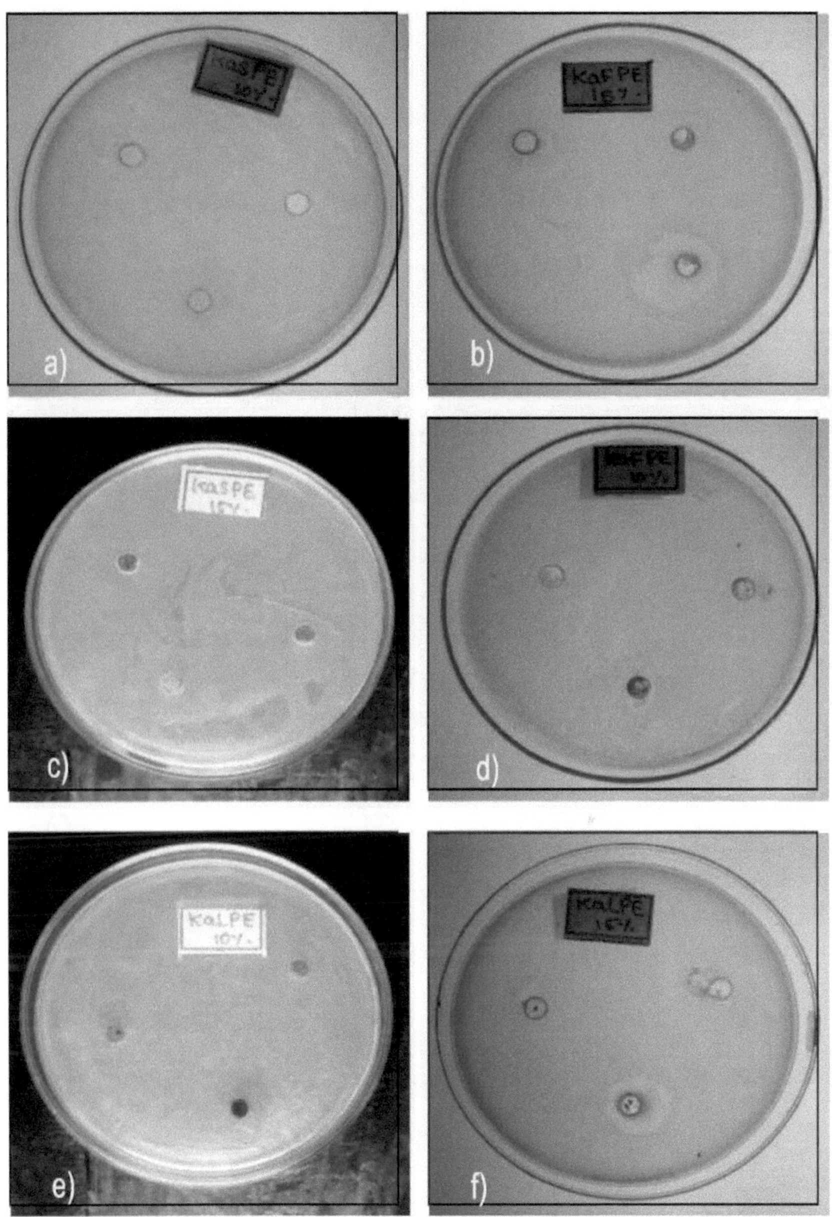

Figura 23. Atividade antimicrobiana a) KaFPE10%, b) KaFPE15%, c) KaSPE10%, d) KaSPE15%, e) KaLPE10%, f) KaLPE15%. Imagens dos autores.

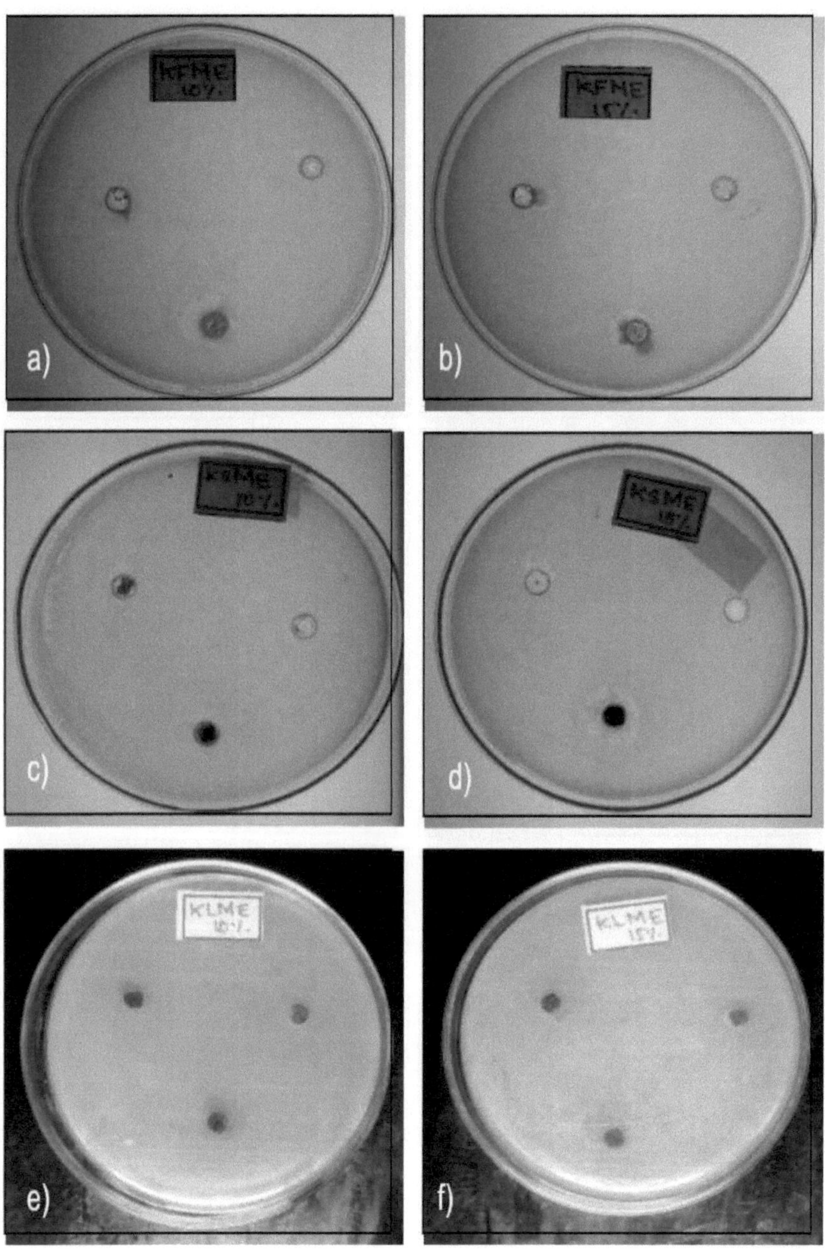

Figura 24. Atividade antimicrobiana a) KFME10%, b) KFME15%, c) KSME10%, d) KSME15%, e) KLME10%, f) KLME15%. Imagens dos autores.

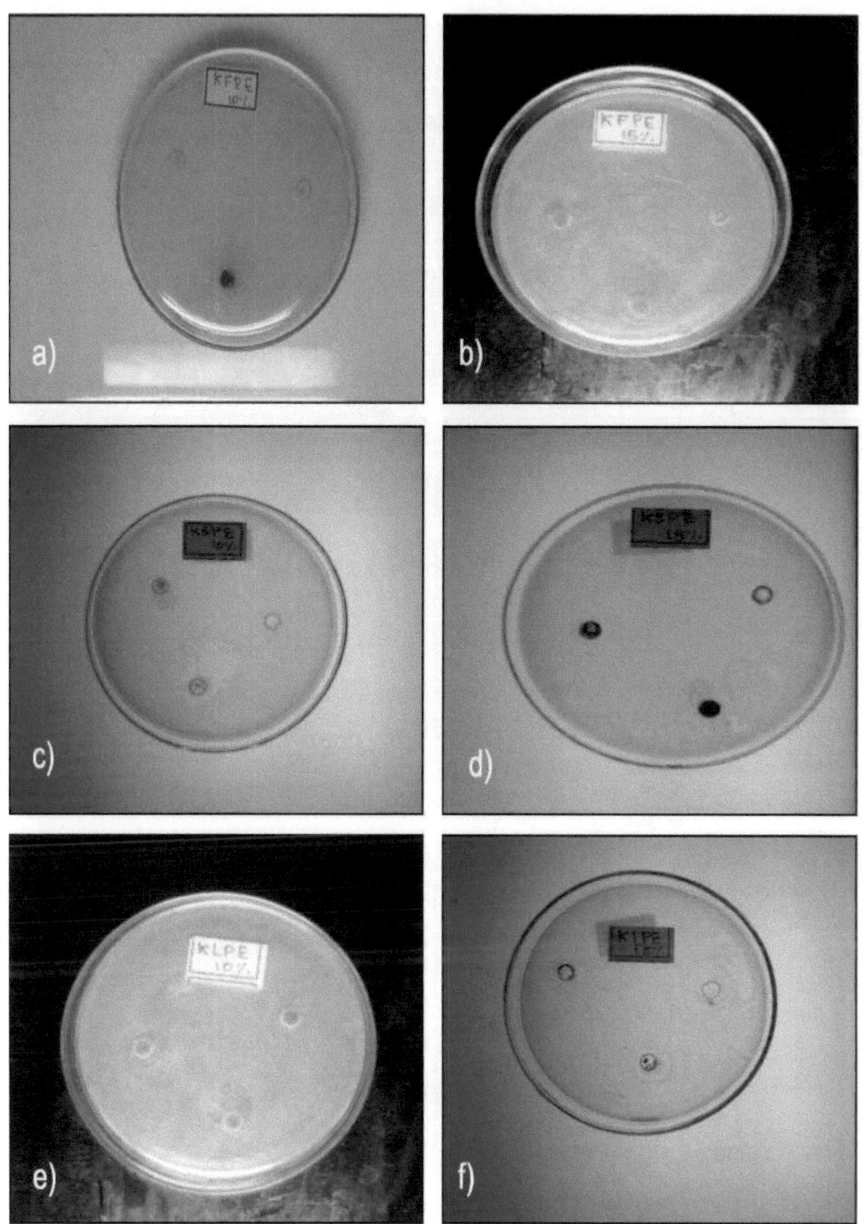

Figura 25. Atividade antimicrobiana a) KFPE10%, b) KFPE15%, c) KSPE10%, d) KSPE15%, e) KLPE10%, f) KLPE15%. Imagens dos autores.

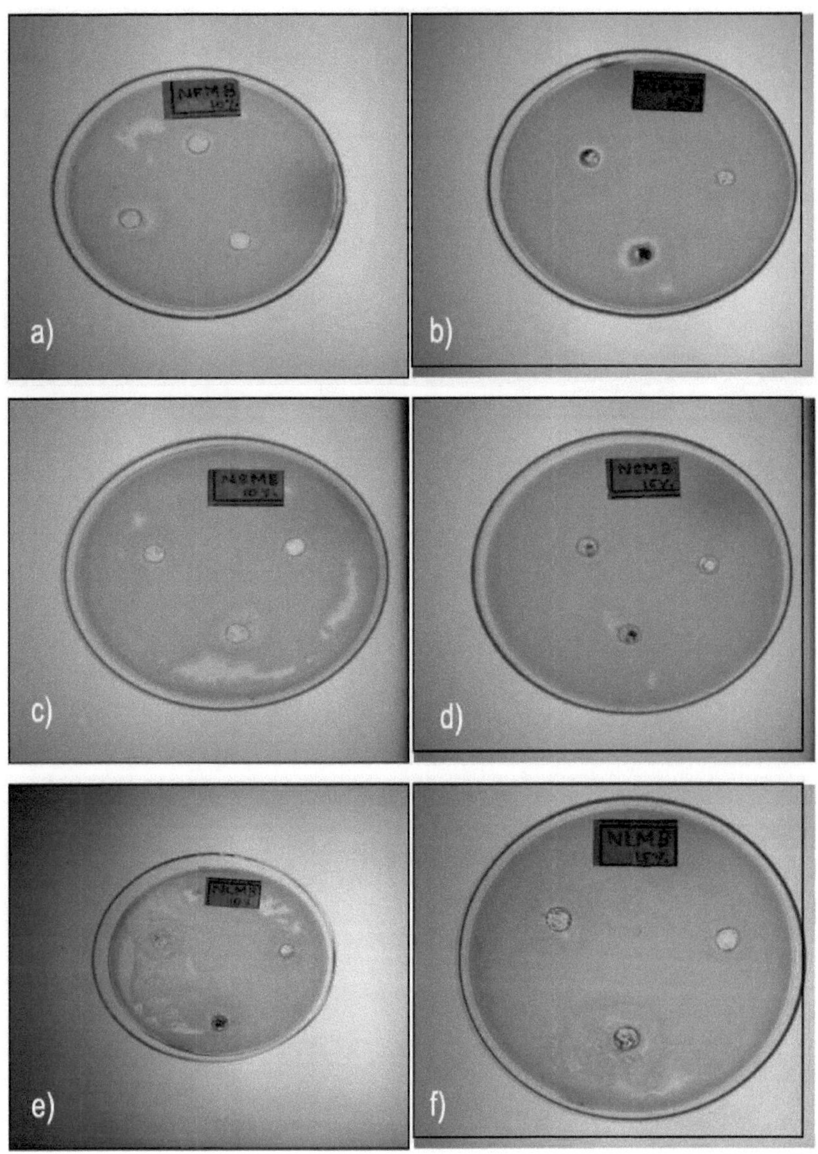

Figura 26. Atividade antimicrobiana a) NFMB10%, b) NFMB15%, c) NSMB10%, d) NSMB15%, e) NLMB10%, f) NLMB15%. Imagens dos autores.

CAPÍTULO 5

5. Resultados e discussão

O ensaio antibacteriano foi efectuado em três variedades. Todos os extractos testados (metanol, éter de petróleo) das três variedades mostraram a atividade antibacteriana contra as estirpes bacterianas testadas. Os extractos metanólicos do fruto de Narayakodi e do fruto de Karimunda mostram a zona máxima de inibição contra *Bacillus subtilis.* Narayakodi apresenta uma zona de inibição de 15,22 ± 0,55 mm e Karimunda apresenta uma zona de inibição de 18,42 ± 0,60 mm. O extrato de éter de petróleo de Narayakodi também mostra uma zona máxima de inibição contra *Bacillus subtilis* e a zona de inibição é de 17,75 ± 0,36 mm. O extrato metanólico do fruto de Narayakodi na concentração 15 mostra a zona máxima de inibição contra *E.coli.* Os extractos metanólicos da folha de Kotta mostram uma zona de inibição mínima contra *E. coli.* O extrato de éter de petróleo da folha de Narayakodi mostra uma zona de inibição de 18,15 ± 0,78 mm e esta é a zona máxima de inibição contra *E. coli.*

A zona de inibição máxima foi de 75 pl para todas as culturas bacterianas. Isto indica que a zona de inibição aumenta à medida que a concentração de piperina aumenta. Dos dois tipos de extractos testados, os extractos metanólicos de pimenta demonstraram melhor atividade contra as bactérias do que os extractos de éter de petróleo. Isto pode dever-se à melhor solubilidade dos ingredientes activos da pimenta em metanol do que em éter de petróleo. Dos dois tipos de método de difusão, o método de difusão em ágar com poço foi melhor do que o método de difusão em disco.

CAPÍTULO 6

6. Conclusões

Atualmente, as infecções microbianas tornaram-se uma ameaça clínica importante, com morbilidade e mortalidade associadas significativas, principalmente devido ao desenvolvimento de agentes microbianos. Por conseguinte, os métodos de teste de suscetibilidade antimicrobiana e de descoberta de novos agentes antimicrobianos têm sido amplamente utilizados e continuam a ser desenvolvidos. A pimenta preta é utilizada principalmente como especiaria em muitas preparações alimentares. Neste estudo, foi estabelecido que a pimenta reduz e inibe o crescimento de agentes patogénicos. Isto também é aplicável a agentes patogénicos alimentares e organismos de intoxicação alimentar, uma vez que a pimenta é utilizada em várias preparações alimentares. Assim, o resultado do presente estudo forneceu a justificação para o potencial terapêutico da pimenta preta.

Agradecimentos

Os autores agradecem a colaboração da direção do Colégio Mar Augusthinose pelo apoio necessário. Agradece-se também o apoio técnico de Binoy A Mulanthra.

Referências

Ahmad, N" Fazal, H" Abbasi, B.H., Farooq, S., Ali, M" & Khan, M. A. (2012). Papel biológico de *Piper nigrum* L. Uma revisão. *Jornal do Pacífico Asiático de Biomedicina Tropical,* 1945-1953.

Akthar, M.S., Birhanu, G., & Demisse, S. (2014). Atividade antimicrobiana do extrato de folhas de *piper nigrum* L. e *Cassia didymobotyra* L. em patógenos selecionados de origem alimentar. *Asian Pacific Journal of Tropical Disease,* 4(2), 8911-8919.

Andrew, O. B. (2015). Benefícios da pimenta preta para a saúde. Guia de Saúde da Tiscanlabs, 1-3.

Balouiri, M., Sadiki, M., & Ibnsouda, S.K. (2016). Métodos para avaliação in vitro da atividade antimicrobiana Uma revisão. *Journal of Pharmaceutical Analysis,* 6(2), 71-79.

Bisignano, G., Germano, M. P., & Nostro, A. R. (1996). Drogas usadas em África como corantes com actividades antimicrobianas. *Phytotherapy Rsearch,* 9(1), 346-350.

Dakek, I. (2000). Investigar a possibilidade de debulhar espigas de pimento e remover a pele do pimento por meios mecânicos. University Malaysia Sarawak, 1- 34.

Das, K., Tiwari, R. K. S., & Shrivastava, D. K. (2009). Técnicas de avaliação de produtos à base de plantas medicinais como agentes antimicrobianos - método atual e tendências futuras. *Journal of Medicinal Plant Research,* 4(2), 104-111.

Dennys, M., Valeria, B. C., Kinue, I., & Tania, A. (2006). Classificando *Eschericha coli*. *Doenças Infecciosas Emergentes, 12(8)*, 1297-1299.

Engler, A., & Prantl, K. A. E. (1898). *Die naturlichen Pflanzenfamilien nebst ihren Gattungen und wichtigeren Aden, insbesondere den Nutzflanzen, unter Mitwirkung zahlreicher hervorragender Fachgelehrten begrundet* (Vol. 2). W. Engelmann.

Gamble, J. S. (1925). Flora of the Presidency of Madras, Botanical Survey of India, Calcutá, Índia.

Ganesh, P., Kumar, R.S., & Saranraj, P. (2014). Análise fitoquímica e atividade antibacteriana da pimenta contra alguns agentes patogénicos humanos. *Revista Centro-Europeia de Biologia Experimental, 3(2)*, 36-41.

Hammer, K. A., Carson, C. F., & Riley, T. V. (1999). Antimicrobial activity of essential oils and other plant extract. *Microbiologia, 86(6)*, 985-987.

Heywood, J. S., & Fleming, T. H. (1986). Patterns of allozyme variation in three Costa Rican species of Piper. *Biotropica, 18(3)*, 208-213.

Hooker, J. D. (1886). The flora of British India, Reeve and Company, Londoan, Reino Unido.

IPGRI (1995). Descritores para a pimenta preta *(Piper nigrum* L). Instituto Internacional dos Recursos Fitogenéticos, Roma, Itália.

Kanjilal, U. N., Kanjilal, P. C. & Das, A. (1940). Flora of Assam. Governo de Assam, Shillong, Índia.

Kaper, J.B., Nataro, J.P., & Mobely, H.L.T. (2004). *Escherichia coli* patogénica. *Nature Reviews Microbiology*, 2(2), 123-140.

Karsha, P. ., & Lakshmi, O. B. (2010).Atividade antibacteriana da pimenta preta com especial referência ao seu modo de ação sobre as bactérias. *Jornal Indiano de Produtos e Recursos Naturais,* 7(2), 213-215.

Krishnakumar, K. N., Rao, G. P., & Gopakumar, C. S. (2009). Rainfall trends in twentieth century over Kerala, India (Tendências da precipitação no século XX em Kerala, Índia). *Atmospheric Environment,* 43(11), 1940- 1944.

Maharjan, D., Singh, A., Lekhak, B., Basnyat, S., e Gautam, L.S. (2011). Estudo sobre a atividade antibacteriana de especiarias comuns. *Nepal Journal of Science and Technology,* 72(20), 312-317.

Majeed, D., & Prakash, L. (2000). The medicinal uses of Pepper. *International Pepper News,* 99(1), 23-31.

Mathew, P. J., & Mathew, P. M. (2002). Classificação das espécies do sul da Índia de Piper L. (Piperaceae) pelo método métrico. *Rheedea,* 72(2), 123-131.

Meghwal, M., & Goswami, T K. (2012).Composição química, propriedades nutricionais, medicinais e funcionais da pimenta preta: uma revisão. *Relatórios Científicos de Acesso Aberto*, 7(2), 1-5.

Mohammed, G.J., Omran, A.M., & Hussein, H.M. (2016). Análise antibacteriana e fitoquímica de *Piper nigrum* por cromatografia gasosa. *Jornal Internacional de Farmacognosia e Pesquisa Fitoquímica*, 8(6), 977-996.

Morrissey, J. H., Wheeler, S., & Loomis, W. F. (1980). Novos loci em dictyostelium discoideum determinando a formação de pigmentos e o crescimento em *Bacillus subtilis*. *Genetics*, 96(1), 115-123.

Murakami, A., Ohigashi, H., Tanaka, S., Tatematsu, A., e Koshimizu, K. (1993). Bitter cyanoglucosides from *Lophira alata*. *Phytochemistry, 32(G)*, 1461-1466.

Nahak, G., & Sahu, R. K. (2011). Avaliação fitoquímica e atividade antioxidante de *Piper cubeba* e *Piper nigrum*. *Journal of Applied Pharmaceutical Science,1(8)*, 153-157.

Nybe, E. V., Nair, P. C. S., & Wahid, P. A. (1989). Relação dos níveis de nutrientes foliares com o rendimento da pimenta preta. *Tropical Agriculture*, 66(4), 345-349.

Okumura, Y., Narukawa, M., & Watanabe, T. (2010). Efeito de supressão da adiposidade em ratos devido à pimenta preta e ao seu principal componente picante, a piperina. *Bioscience Biotechnology and Biochemistry, 74(8)*, 1545-1549.

Pillay, V. S., Ibrahim, K. K., & Sasikumaran, S. (1987). Heterose na pimenta preta Panniyur-1 *(Piper nigrum* L.). *Agriculture Research Journal of Kerala, 25(1)*, 116-118.

Rani, S. K. S., Saxena, N., & Udayasree, S. (2013). Atividade antibacteriana da pimenta preta. *Jornal Global de Farmacologia*, 7(1), 87-90.

Ratnambal, M. J., Ravindran, P. N., & Nair, M. K. (1985). Variabilidade em Karimunda. *Journal of Plantation Crops*, 13(1), 154-158.

Ravindran, P. N., Balakrishnan, R., & Babu, K. N. (1992). Taxonomia numérica de Piper L. (Piperaceae) do sul da Índia: 1. análise de agrupamento. *Rheedea*, 2(1), 55-61.

Ravindran, P. N., Balakrishnan, R., & Babu, K. N. (1997a). Estudos morfométricos sobre a pimenta preta. I. Análise de agrupamento de cultivares de pimenta preta. *Journal of Spices and Aromatic Crops*, 6(1), 9-20.

Ravindran, P. N. (2006). Black pepper. Overseas Publishers Association.1-30.

Rendle, A. B. (1925). The classification of flowering plants. Vol. 2. Dicotyledons, University press, Cambridge, UK.

Sajitha, A. (2014). Inovações institucionais e cultivo de pimenta preta em Kerala: uma exploração. Centro de Estudos para o Desenvolvimento, 1-26.

Sasikumar, B., Chempakam, B., George, J. K., Remashree, A. B., Devasahayam, S., Dhamayanthi, K. P. M., & Peter, K. V. (1999). Caracterização de dois híbridos interespecíficos de Piper. *The Journal of Horticultural Science and Biotechnology, 74(1)*, 125-131.

Seshachala, U., Padmavathi, T., & Ramachandran, K. (2012). Solubilizadores de fosfato da rizosfera de *Piper nigrum* L. em Karnataka, Índia. *Revista Chilena de Investigação Agrícola, 72(2)*, 397-410.

Shamkuwar, P.B., Shahi, S.R., e Jadhav, S.T.(2012). Avaliação do efeito antidiarreico da pimenta preta. *Asian Journal of plant Science and Research, 2(1)*, 48-53.

Shete, H. G., & Chitanand, M. P. (2014). Atividade antimicrobiana de algumas especiarias indianas comumente usadas. *Jornal Internacional de Microbiologia Atual e Ciências Aplicadas, 3(8)*, 765-770.

Singletary, K. (2010). Pimenta preta: visão geral dos benefícios para a saúde. *Nutrition Today, 45(1)*, 43-47.

Soni, K. B., Vimarsha, H. S., Sowjanya, M. S., Rajmohan, K., & Swapna, A. (2014). Estudos de diversidade para caraterização do tipo de pimenta preta ramificada em espiga coletada no distrito de Idukki, em Kerala. *Jornal de Estudos de Plantas Medicinais, 2(2)*, 69-75.

Sruthi, D., Zachariah, T. J., Leela, N. K., & Jayarajan, K. (2013). Correlação entre perfis químicos de pimenta preta *(Piper nigrum* L.) var.Panniyur-1 coletados em diferentes locais. *Journal of Medicinal Plants Research,* 7(31), 2350-2357.

Stein, T. (2005). Antibióticos *de Bacillus subtilis*: estruturas, sínteses e funções específicas. *Molecular Microbiology, 56(4)*, 845-857.

Taylor, D. W., & Hickey, L. J. (1990). Uma planta aptiana com folhas e flores anexas: implicações para a origem das angiospermas. *Science,* 247(4943), 702-705.

Taylor, D. W., & Hickey, L. J. (1992). Phylogenetic evidence for the herbaceous origin of angiosperms. *Plant Systematics and Evolution, 180(3)*, 137-156.

Thakare, M. N. (2004). *Rastreio farmacológico de algumas plantas medicinais como antimicrobianos e aditivos alimentares* (Dissertação de doutoramento, Virginia Tech).

Thangaselvabal, T., Justin, C.G.L., & Leelamati, M. (2008). Pimenta preta *(Piper nigrum* L.) "O rei das especiarias" - uma revisão. *Agricultural Reviews, 29(2)*, 89-98.

Vijayakumar, R. S., Surya, D., Senthilkumar, R., & Nalini, N. (2002). Efeito hipolipidémico da pimenta preta em ratos alimentados com dieta rica em gordura. *Journal of Clinical Biochemistry and Nutrition,* 32(1), 31-42.

Vimarsha, H. S., Sowjanya, M. S., Rajmohan, K., Soni, K.B., & Swapna, A. (2014). Homologia do gene *Attfl-1* no tipo de pimenta preta ramificada em espiga e variedade local Karimunda. *Jornal de Estudos de Plantas Medicinais, 2(4)*, 1-4.

Zacharaiah, T. J., Davasahayam, S., Jayashree, E., Kandiannan, K., Prasath, D., Eapen, S. J., Sasikumar, B., Srinivasan, V., & Suseela, B. R. (2015). Pimenta preta. *Instituto Indiano de Investigação de Especiarias,* 1-17.

42

MIX
Papier aus verantwortungsvollen Quellen
Paper from responsible sources
FSC® C105338

Printed by Books on Demand GmbH, Norderstedt / Germany